LA
PÈCHE DE LA BALEINE

GRAND IN-32

LA PÊCHE

DE

LA BALEINE

TOURS

ALFRED MAME ET FILS, ÉDITEURS

—

1885

LA
PÊCHE DE LA BALEINE

La baleine est un des plus monstrueux poissons que l'on rencontre dans la mer, et est rangée au nombre des cétacés dits souffleurs. Le caractère qui la distingue principalement est de n'avoir aucune espèce de dents. La tête, qui est énorme, est presque entièrement remplie par l'immense cavité de la bouche, où dix à douze hommes pourraient facilement se tenir debout. Ce vaste réservoir est formé d'os maxillaires énormes; ce sont ceux de la mâchoire supérieure qui soutiennent cette substance cornée, divisée par lames, que l'on nomme fanons, ou plus vulgairement côtes de baleine. Ces espèces d'os, qui servent de dents à la baleine, sont de couleurs brune, noire et jaune, avec des raies de diverses couleurs. Il se trouve des baleines qui ont les côtes d'un bleu clair, ce qui les fait croire jeunes. Cette substance dure est garnie partout de poils longs et rudes, ou plutôt ce sont les fanons mêmes, qui sont composés de filaments qui s'effilent et se terminent en filets minces comme des crins. Chaque côté de la mâchoire supérieure est garni de deux cent cinquante côtes ; les plus fortes se trouvent au milieu, et ont jusqu'à quatre à cinq mètres de long. La mâchoire inférieure est dégarnie de fanons ; elle est entourée par de grandes côtes osseuses de couleur blanche, et supporte la langue, masse de graisse molle et spongieuse, de couleur blanche, mais bordée de taches noires.

Sur la tête de la baleine, au-dessus des yeux et des nageoires, s'élève une forte loupe qui a deux ouvertures par lesquelles l'animal rejette l'eau avec beaucoup de force. Le bruit de ce mouvement, qui se fait entendre de fort loin, ressemble à celui du vent qui s'engouffre dans une caverne. La baleine ne rejette jamais l'eau avec plus de force que lorsqu'elle est blessée, et le bruit qu'elle fait alors ressemble à celui d'une mer agitée. Beaucoup au-dessous de cette loupe, et presque au coin de la bouche, sont les yeux, qui ne sont guère plus gros que ceux d'un bœuf, et qui sont garnis de poils. Immédiatement derrière les yeux, et par conséquent près du coin de la bouche, se trouvent les nageoires, d'une grandeur proportionnée à l'animal, couvertes d'une peau épaisse, noire et marbrée de raies blanches. Après avoir coupé les nageoires, on trouve, au-dessous de la peau, des os qui ressemblent à une main d'homme ouverte dont les doigts sont étendus. Les intervalles de ces jointures offrent des nerfs très raides, qui rebondissent lorsqu'on les jette à terre avec force. La baleine n'ayant que deux nageoires, s'en sert à peu près comme d'avirons, et nage comme une chaloupe à deux rames. La tête est immédiatement jointe au corps, qui, formant une courbure semblable à celle des quilles de bâtiment, se rétrécit et se termine par une queue horizontale douée d'une grande force et divisée en deux lobes égaux.

La couleur de ces animaux est fort belle au soleil; et les petites ondes dont leur peau est miroitée leur donnent l'éclat de l'argent; mais il y a peu d'uniformité dans la couleur. On en voit de marbrées de blanc et de noir, ou de jaune et de noir; d'autres sont entièrement noires; mais on distingue encore des endroits d'un noir brillant, et d'autres d'un noir mat.

Elles peuvent nager avec une extrême vitesse; leur mouvement se compose de paraboles décrites dans l'eau par l'effet des coups que leur queue horizontale frappe sur l'eau. Quand une baleine fuit, on voit alternativement sa tête, son dos et sa queue; puis tout disparaît pour revenir plus loin à la surface avec le même mouvement.

Malgré sa force considérable, ce monstre marin a des ennemis formidables; celui qu'il redoute le plus est le poisson à scie, nommé plus ordinairement l'*espadon* et l'*épée*. Jamais ils ne se rencontrent sans combat, et c'est ordinairement l'espadon qui est l'agresseur. Quelquefois deux de ces animaux se joignent contre une baleine. Comme elle n'a pour arme offensive et défensive que sa queue, elle plonge la tête, et, lorsqu'elle peut frapper son ennemi, elle l'assomme d'un coup; mais il est fort adroit à l'éviter, et, fondant sur elle, il lui enfonce son arme dans le dos. Souvent il ne la perce point jusqu'au fond du lard, et la blessure est légère. Chaque fois qu'il s'élance pour la frapper, elle plonge; mais il la poursuit dans l'eau et l'oblige à reparaître; alors le combat recommence, et dure jusqu'à ce qu'il la perde de vue. Elle bat toujours en retraite et nage mieux que lui à fleur d'eau. Les baleines qui ont été tuées par des espadons sentent si mauvais, que l'odeur s'en répand fort loin. On dit que les espadons et d'autres poissons du même genre sont extrêmement friands de la langue de baleine, et s'efforcent même de la dévorer sur l'animal vivant. Pour cela, l'un d'eux cherche à s'introduire la tête la première dans la bouche mal défendue de la baleine, et, quand il est saisi entre ses deux mâchoires, il y reste, faisant l'office d'un coin, tandis que les autres, agrandissant l'ouverture, pénètrent dans la bouche et dévorent la langue. La baleine meurt ensuite dans d'horribles convulsions.

Les Basques, ou plutôt les marins de Biscaye, passent généralement pour avoir osé les premiers déclarer la guerre à la reine des mers; au moins l'habileté qu'ils acquirent dans cette pêche dangereuse, et l'audace qu'ils y déployèrent, leur donnèrent à cet égard une réputation telle, que toutes les nations qui voulurent tenter ce commerce fructueux allèrent chercher parmi eux des harponneurs, frondeurs, capitaines et timoniers. Les Hollandais et les Anglais furent les premiers à réaliser de grands bénéfices au moyen de cette pêche; depuis, les Américains les ont au moins égalés par le développement donné à ce genre d'entreprise. Les Français s'y sont livrés les derniers; néanmoins, de 1785 à 1793, cent quatorze navires rentraient en France avec trente et un mille tonneaux d'huile. Depuis cette époque, les armateurs des ports français n'ont pas cessé d'augmenter leurs entreprises de ce genre.

Cette navigation, longue et périlleuse, exige des bâtiments fortement construits et d'un gréement solide, des équipages nombreux et hardis, enfin un matériel considérable approprié à leur destination. Aussitôt qu'on aperçoit une baleine, ou qu'on l'entend de loin souffler et rejeter l'eau, tous les pêcheurs se jettent dans leurs chaloupes. Chaque chaloupe contient ordinairement six hommes, et quelquefois sept, suivant sa grandeur. Elles s'approchent de la baleine à force de rames, et le harponneur, qui est sur l'avant, lance le harpon qu'il a devant lui. C'est ordinairement près des ouïes et des nageoires ou dans le milieu du dos que l'on tâche de fixer le fer. Le fer du harpon a, par l'extrémité, la forme d'une flèche avec deux tranchants; le derrière en est épais, pour qu'il ne puisse couper de ce côté ni se détacher. Cet instrument est garni d'un manche en bois; les meilleurs sont ceux qui peuvent plier sans se rompre.

La baleine ne se sent pas plus tôt blessée, qu'elle plonge avec une incroyable vitesse, tirant la corde attachée au harpon avec une telle force, que l'avant de la chaloupe se trouve au niveau des flots, et qu'elle l'entraînerait même au fond, si l'on n'avait une extrême attention à filer continuellement la corde. Chaque chaloupe est fournie d'un monceau de cordes, divisé en quatre ou cinq rouleaux, dont chacun en contient depuis quatre-vingts jusqu'à cent brasses. A mesure que la baleine s'enfonce, on lâche plus de corde, et, si la chaloupe n'en a point assez, on prend celle des autres. Les pêcheurs prennent un soin extrême qu'au moment où la baleine s'enfonce, leur grande corde ne se mêle ou n'avance trop d'un côté ; sans cette attention la chaloupe serait infailliblement renversée. La corde doit filer directement par le milieu de la chaloupe, et le harponneur mouille sans cesse, avec une éponge, le bord qu'elle touche en passant, dans la crainte qu'un mouvement si rapide n'y mette le feu. Les autres y veillent aussi, tandis qu'un matelot expérimenté, qui est sur l'arrière pour gouverner la chaloupe avec son aviron, observe de quel côté la corde file, et se règle sur son mouvement. On peut dire sans exagération que la chaloupe, ainsi entraînée à la remorque par l'animal blessé, court plus vite que le vent.

On suit ainsi la baleine blessée jusqu'à ce qu'elle ait épuisé ses forces et qu'elle meure, ou du moins jusqu'à ce qu'elle se trouve hors d'état de fuir plus loin; quelquefois elle emporte avec elle jusqu'à deux mille brasses de corde. Si l'animal s'engage dans les glaces, on le suit par le chemin qu'il s'ouvre; mais s'il se retire sous une île flottante de glaces, il faut souvent renoncer à l'avoir, arracher le harpon de sa blessure à force de bras, ou couper la corde.

Pendant qu'une baleine est accrochée, toutes les autres chaloupes rament devant celle d'où le coup est parti, lorsqu'elle se ralentit, et tirent quelquefois la corde pour connaître à sa raideur le degré de force qui reste à l'animal. Lorsqu'elle paraît lâche et qu'elle ne fait pas pencher l'avant de la chaloupe, on ne pense qu'à la retirer. Un des pêcheurs la remet en rond à mesure qu'on la tire, pour être en état de la filer avec la même facilité, si la baleine recommençait à fuir. On observe aussi de ne pas trop lâcher la corde à celles qui fuient au niveau de l'eau, parce qu'en s'agitant elles pourraient l'accrocher à quelque roche, et faire sauter le harpon. Des baleines mortes, ce ne sont pas les plus grasses qui s'enfoncent aussitôt; on remarque, au contraire, que plus elles sont maigres, plus elles vont vite à fond, quoiqu'elles reviennent sur l'eau quelques jours après. Mais on n'attend point que celles qui disparaissent ainsi remontent d'elles-mêmes, et l'effort de tous les pêcheurs se **réunit** pour les conduire au vaisseau, qui s'approche lui-même et suit ses chaloupes autant qu'il le peut. Une baleine morte depuis quelques jours est d'une saleté et d'une puanteur insupportables : sa chair se remplit de vers longs et blancs. Plus elle demeure dans l'eau, plus elle s'élève; la plupart se découvrent de trente-trois à soixante-sept centimètres. A quelques-unes on voit la moitié du corps; mais alors elles crèvent avec un bruit extraordinaire. Leur chair fermente; il se fait de si grands trous au ventre, qu'une partie des boyaux en sort. La vapeur qui s'en exhale enflamme les yeux, et n'y cause pas moins de douleur que si l'on y eût jeté de la chaux vive.

Des baleines qui remontent en vie sur l'eau après

avoir été harponnées, les unes paraissent seulement étonnées, les autres sont farouches et furieuses. On a besoin alors d'une extrême précaution pour s'en approcher ; car, pour peu que l'air soit serein, une baleine entend le mouvement des rames. Dans cet état, on lui lance un nouveau harpon, quelquefois deux, suivant l'opinion que l'on a de ses forces ; ordinairement elle plonge de nouveau. Cependant quelques-unes se mettent à nager au niveau de l'eau, en jouant de la queue et des nageoires.

Si dans ce mouvement la corde s'entortille autour de la queue, le harpon en est plus ferme, et l'on ne craint pas qu'il se détache.

Les baleines blessées re-jettent l'eau de toutes leurs forces; on les entend d'aussi loin que le bruit du gros canon ; mais , lorsqu'elles ont perdu tout leur sang et qu'elles sont tout à fait lasses, elles ne rejettent l'eau que faiblement et comme par gouttes. Leur bruit ne res-semble plus qu'à celui d'un flacon vide qu'on tiendrait sous l'eau pour le remplir;

ce changement prouve qu'elles vont mourir.

S'il arrive qu'un harpon se brise ou se détache, les pêcheurs d'un autre vaisseau qui s'en aperçoivent ne manquent point de lancer leur propre harpon, et, lorsqu'ils ont accroché la baleine, elle leur appartient. Quelquefois une baleine est frappée en même temps de deux harpons lancés par deux vaisseaux différents. Alors les deux vaisseaux y ont un droit égal, et chacun en obtient la moitié. Toutes les chaloupes qui accompagnent celle d'où le harpon est lancé attendent que la baleine remonte, et doivent prêter la main pour la tuer à coups de lances. Ce temps est toujours le plus dangereux; car la chaloupe qui a lancé le harpon, quoique entraînée par la baleine, s'en trouve ordinairement fort éloignée; au lieu que les autres qui viennent la frapper de leurs lances sont comme sur elle, ou du moins à ses côtés, et ne peuvent guère éviter d'en recevoir de très rudes coups, suivant ses mouvements et ses agitations. Sa queue et ses nageoires battent si furieusement l'eau, qu'elles la font sauter et la répandent comme en poussière. Elle peut d'un coup de sa queue briser une chaloupe; mais les grands vaisseaux n'ont rien à redouter de son choc; elle-même, au contraire, en souffre beaucoup. Les lances sont composées d'un bois d'environ deux brasses de longueur et d'un fer pointu long d'une brasse, qui doit être médiocrement trempé, afin qu'il puisse plier sans se rompre. Après avoir enfoncé la lance, on la remue de divers côtés pour rendre la blessure plus large. Il arrive quelquefois que toutes les lances de trois ou quatre chaloupes demeurent enfoncées dans le corps d'une baleine.

Un autre mode a quelquefois été usité par les pêcheurs de la mer du Nord. On lance sur la baleine des harpons libres qui portent le nom du navire en chasse; la baleine blessée s'enfuit, emportant avec elle le fer qui l'a blessée; elle perd tout son sang, et meurt quelques jours après. Les baleiniers qui trouvent son cadavre en tiennent compte au navire dont le nom est inscrit sur le harpon. Si plusieurs bâtiments l'ont harponnée, un conseil de capitaines l'adjuge au navire dont le harpon lui paraît avoir fait une blessure mortelle.

Aussitôt que l'animal est mort, on lui coupe la queue, parce qu'étant transversale elle retarderait le cours de la chaloupe; on en fait de la colle forte, ainsi qu'avec les nageoires. On attache ensuite la baleine à l'arrière d'une chaloupe, qu'on amarre elle-même à la queue de quatre ou cinq autres, et l'on retourne au vaisseau dans cet ordre.

En y arrivant, la baleine y est attachée avec des cordes, la tête vers la poupe, et l'autre extrémité vers la proue. Le premier soin est d'aller aux mâchoires de l'animal, pour lui enlever les fanons, qu'on élève sur le vaisseau à l'aide d'un cabestan. Cet objet seul vaut tout le reste de la baleine. On lui coupe la langue, et l'on dépouille ensuite tout le corps de sa graisse. Les pièces se coupent par tranches dans toute la longueur du corps, et les matelots qui sont à bord les coupent ensuite en morceaux carrés de

33 centimètres de grandeur, puis en morceaux plus petits qu'on jette dans des tonneaux. On se sert pour ces opérations de grands couteaux longs d'un mètre et demi à deux mètres. Ceux qui marchent sur la baleine pour la dépecer ont des bottes garnies en dessous de pointes aiguës, pour ne pas glisser sur cette peau lisse et grasse. La graisse de baleine est blanche dans les unes, jaune dans les autres, et rouge dans quelques-unes. La blanche est remplie de petits nerfs, et ne rend pas autant d'huile

que la jaune; celle-ci passe pour la meilleure. Quand la graisse est entièrement enlevée, la carcasse de la baleine, plongeant de son propre poids, disparaît aux cris de joie de tous les pêcheurs. Cependant, peu de jours après, cette carcasse, renflée au fond des eaux, surnage encore, et vient servir de pâture aux poissons, aux oiseaux et aux ours, qui s'en régalent à l'envi.

Le bâtiment gagne ensuite quelque havre, on s'amarre aux glaces solides, et l'on procède à la fonte de la graisse qui avait été jetée à fond de cale. Quelques pêcheurs font cette opération sur les vaisseaux, mais la crainte des incendies fait préférer en général une relâche sur un rivage quelconque. Souvent des baleiniers s'arrêtent pour cet objet sur les côtes du Spitzberg. On peut laisser la graisse fermenter dans des tonneaux et se convertir d'elle-même en huile; mais le plus ordinairement on la met dans une grande cuve, d'où elle est jetée dans une chaudière large et plate. Après l'avoir fait frire sur le fourneau, on la puise avec de petits chaudrons, on la jette dans un grand tamis qui ne donne passage qu'aux parties liquides, et tout le reste est abandonné. Le tamis se met sur une grande cuve à demi pleine d'eau, où l'huile se refroidit, s'éclaircit et dépose au fond ce qu'elle a d'impur. Il ne reste que l'huile pure et nette qui nage sur l'eau comme toute autre huile. De la grande cuve on la fait couler par un tuyau dans une autre cuve de même grandeur, et de celle-ci dans une troisième, toutes deux à demi pleines d'eau, pour s'y clarifier encore davantage. Enfin elle passe dans un quatrième vaisseau, d'où elle n'est tirée que pour remplir les barils qui servent à la conserver. La perte que l'on fait sur la graisse en la faisant frire est d'environ vingt pour cent.

La pêche que l'on vient de décrire se fait chez les Européens; mais les différents peuples qui habitent les côtes où se trouve la baleine ont diverses manières de s'emparer de ce puissant poisson. Les Groënlandais, quand ils vont à la pêche de la baleine, se revêtent de leurs plus beaux habits; car, disent leurs jongleurs, si quelqu'un avait des habits sales, ou qui eussent touché par malheur à quelque corps mort, la baleine s'échapperait, ou, fût-elle morte, ne reparaîtrait pas sur l'eau. Les femmes sont aussi de la partie, et leur affaire est de tenir prêtes les casaques de mer, ou de raccommoder les bateaux, qui sont garnis de cuir et de peau. On va sans crainte au-devant du monstre, hommes et femmes, dans des bateaux :

on lui jette des harpons où
sont suspendues des vessies
faites de grandes peaux de
veaux marins, qui embar-
rassent ou soutiennent la
pesante baleine, de façon
qu'elle ne peut plonger jusqu'au fond. Lorsqu'elle est
fatiguée de vains efforts, on
l'accable, on l'achève à coups
de lances. Alors les hommes
se jettent à l'eau avec leur
casaque de chien marin, où
les bottes, le corps et le capuchon tiennent ensemble,
exactement cousus. Enve-
loppés ainsi jusque par-des-
sus la tête, ils ont l'air d'au-

tant de chiens de mer qui courent autour du monstre sans crainte de se noyer, cet habillement étant une espèce de scaphandre avec lequel ils peuvent même se tenir debout et marcher dans l'eau. On coupe les barbes ou fanons fort adroitement avec d'assez mauvais couteaux; puis ils tranchent et taillent la baleine tous à la fois, hommes, femmes, enfants, pêle-mêle et les uns sur les autres, pour avoir part au butin; car, ne fût-on que spectateur, on a des droits à partager les dépouilles. Malgré tout ce désordre, ils ont une grande attention à ne pas se blesser ou se couper les uns les autres, et cependant personne ne revient de la pêche sans quelque blessure.

Les Kamtchadales ont trois manières de prendre des baleines. Au midi, on se contente d'aller avec des canots leur lancer des flèches empoisonnées, dont elles ne sentent la blessure qu'au venin, qui les fait enfler promptement, et mourir avec des douleurs et des mugissements épouvantables. Au nord, vers le 60e degré, les

Oliontores, qui habitent la côte orientale, prennent les baleines avec des filets faits de courroies de cheval marin qui sont larges comme la main. On les tend à l'embouchure des baies. Arrêtés par un bout avec de grosses pierres, ces filets flottent au gré de la mer, et les baleines qui poursuivent les poissons vont s'y jeter et s'y entortillent de façon à ne pouvoir s'en débarrasser. Les Oliontores s'en approchent alors sur leurs canots, et les enveloppent de nouvelles courroies, avec lesquelles on les tire à terre pour les dépecer.

Les Tchouktchi, qui sont à cinq degrés plus au nord, pêchent la baleine comme les Européens, c'est-à-dire avec des harpons. Cette pêche est si abondante, qu'ils négligent les baleines mortes que la mer leur donne gratuitement. Ils se contentent d'en tirer la graisse, qu'ils brûlent avec de la mousse, faute de bois.

Achevons en citant un fait qui intéresse plus la science et la géographie que la pêche en elle-même. On assure avoir trouvé sur la côte du Japon des baleines portant encore le harpon qui avait été lancé contre elles dans les mers du Nord. Ces poissons avaient donc résolu le grand problème dont la solution occupe depuis si longtemps et si infructueusement les navigateurs ; et, si ce fait se vérifiait, il ne faudrait pas encore désespérer de trouver la mer libre qui aurait livré passage à ces baleines. Mais ce qu'on peut dire avec assurance, c'est que, si ce passage existe, les glaces en rendront toujours la navigation difficile et incertaine.

Nous ajouterons ici quelques détails sur la pêche du veau marin par les Esquimaux. Ces peuples se servent, pour la navigation et pour la pêche, de deux espèces d'embarcations. Les grands bateaux, qu'ils appellent *umiak,* ont environ 13 mètres de longueur sur 1 mètre 33 c. à 1 m. 65 c. de large et 1 m. de profondeur, effilés ou pointus devant et derrière, avec le fond plat. Ce fond est composé de trois pièces qui vont se réunir aux deux bouts du bateau. Ces trois madriers sont traversés de distance en distance de solives qui s'y

enchâssent; on emboîte ensuite sur les deux madriers
des côtés de courts poteaux,
sur lesquels on élève le plat-
bord. Ces plats-bords sont
appuyés par deux autres
grandes pièces, qui se réu-
nissent aux trois autres extrémités du bateau. Ces cinq
pièces principales se gar-
nissent de lattes minces,
larges de trois doigts, faites
avec des côtes de baleine, et
toute cette charpente est re-
vêtue, en dedans et en de-
hors, de cuirs tannés de veau
marin. Mais, au lieu de clous
de fer, qui pourraient se

rouiller et faire des trous dans les peaux de la couverture, on emploie des chevilles de bois et des courroies de baleine. Les Groënlandais construisent ces bateaux avec beaucoup d'adresse et de justesse, sans équerre, ni règle ni compas. Lorsque le constructeur a fait la charpente de son bateau, sa femme le revêt de cuir fraîchement préparé et ramolli, dont elle calfate les coutures avec de la vieille graisse. Aussi ces bateaux font bien moins eau que s'ils étaient entièrement de bois, parce que leurs jointures s'enflent et se serrent davantage. S'il venait à s'y faire un trou contre la pointe d'un rocher, une pièce y est bientôt cousue. Ces bateaux sont conduits par des femmes, qui rament au nombre de quatre, avec une cinquième à la poupe, tenant un aviron pour gouvernail. Ce serait un scandale qu'un homme se mêlât de mener ces bateaux, à moins qu'un danger évident n'exigeât le secours de sa main.

Les rames sont courtes et larges, en façon de pelles, et attachées à leur place sur le plat-bord avec une bande de cuir.

Les petits bateaux ou bateaux d'hommes, appelés *kaiak,* n'ont que six mètres dans toute leur longueur, qui finit en pointe aux deux bouts, comme une navette de tisserand, avec 33 centimètres tout au plus de profondeur, et 50 dans la plus grande largeur. La quille est construite de longues lattes traversées de cerceaux oblongs, qu'on lie avec de la baleine et des tendons d'animaux. Le tout est revêtu de peaux, de même que l'umiak ou grand bateau, avec

cette différence que le kaiak
en est enveloppé dessus et
dessous, comme s'il était dans
un sac de cuir qui le fermât de
toutes parts. La poupe et la
proue sont renforcées d'un
rebord de baleine relevé en
bosse, pour mieux parer les
coups que le bateau se donne
contre les pierres et les ro-
chers. Au milieu du kaiak, on
ménage un trou rond bordé
d'un cerceau de bois ou de
baleine, large de deux doigts.
Le pêcheur introduit par cette
ouverture ses jambes allon-
gées dans le canot, et s'assied
sur une planche couverte de

cuir qui en forme le fond. Ensuite il serre sur le bord de
cette ouverture son habit de
pêche ou une autre peau, qu'il
noue et assujettit de manière
que le trou soit hermétique-
ment fermé, et que l'eau ne
puisse y pénétrer. Le rebord
sert en même temps à empê-
cher l'eau qui pourrait séjour-
ner sur le pont de couler dans
l'intérieur du canot. Il a la
précaution d'avoir la figure et
les épaules bien enveloppées
de sa cape et de son capuchon
bien boutonnés. Ainsi équipé,
le Groënlandais ou l'Esqui-
mau va en mer, quelque temps

qu'il fasse, au milieu des nei-
ges, des vents et des tempêtes.
A ses côtés il a sa lance, arrê-
tée par des courroies le long
du bateau; devant lui, son
faisceau de cordes roulées autour d'une roue faite exprès,
et derrière lui la vessie qui
doit servir de bouée. La rame
unique qui lui sert à conduire
et à diriger son embarcation
a 3 mètres de long; elle est
également large et plate aux
deux extrémités, qui sont
ordinairement ornées d'une
marqueterie en dents de nar-
val, dessinée fort souvent avec
goût. Il prend sa rame à deux

mains, et, fendant l'eau alternativement des deux côtés
par un mouvement parfaite-
ment régulier, il se dirige avec
une dextérité et une prompti-
tude inconcevables.

C'est un spectacle vraiment
curieux de voir un Groënlandais avec son habit de pêche
de couleur grise, garni de
boutons blancs, voguer sur
un frêle esquif à la merci des
flots et des tempêtes, que son
courage brave, et fendre les
ondes avec une légèreté à
faire 12 myriamètres par jour
quand il veut précipiter sa
marche. Tant que la fureur

des vents lui permet d'arbo-
rer une voile de perroquet,
loin de redouter les grandes
lames, il semble les chercher,
et voler comme un trait sur
leur cime roulante. Quand
même les vagues viendraient
fondre et se briser sur lui, il
n'en reste pas moins immo-
bile à sa place. Si les flots
l'attaquent de front prêts à
le submerger, il ramasse ses
forces, et lutte avec sa rame
contre toute leur impétuosité.
Tant qu'il a son aviron à la
main, fût-il renversé la tête
sous l'eau, d'un coup de rame
il remonte et se lève tout

droit. Mais s'il perd cette arme, c'en est fait de sa vie, à moins qu'une main secourable ne vienne le sauver. Il n'y a point d'Européen qui osât se hasarder sur un kaiak au moindre souffle de vent. Aussitôt qu'un pêcheur embarqué avec tout son attirail aperçoit un veau marin, il tente de le surprendre à l'improviste pendant que l'animal, allant contre le vent et le soleil, ne peut entendre ni voir l'homme qui l'attaque par devant. Celui-ci se cache même derrière une grosse lame, et s'avance vite et sans bruit jusqu'à la portée de cinq à six brasses, tenant son harpon, sa corde et sa vessie tout prêts à être lancés. Il prend sa rame de la main gauche, et le harpon de la droite par le manche. Si le harpon frappe droit au but et s'enfonce dans les flancs de l'animal, il se détache du fût, qui reste flottant sur les eaux. Dès que le coup a porté, le pêcheur jette la vessie dans la mer, du côté où la proie a plongé, puis il recueille et remet dans son bateau le fût de son harpon. L'animal tire à lui la vessie et l'entraîne souvent sous l'eau; mais c'est avec peine, parce qu'elle est fort grosse; aussi ne tarde-t-elle pas à paraître, suivie du veau qui vient reprendre haleine. Le Groënlandais observe la place où la vessie se montre pour attendre l'animal et le percer de sa grande lance. Toutes les fois que le veau revient, on lui enfonce ce dard, jusqu'à ce que ses forces soient épuisées; alors on va droit à lui, la petite lance à la main, et on achève de le tuer.

Cette façon de pêcher est la plus dangereuse, quoique la

plus usitée ; les Groënlandais l'appellent *pêche à extinction,* parce qu'il y va quelquefois de la vie de l'homme. La corde peut, en effet, se nouer d'elle-même en filant, ou s'embarrasser autour du kaiak, et l'entraîner ; elle peut, dans le développement de ses replis, accrocher la rame ou même le pêcheur en s'entortillant autour de sa main et de son cou, ce qui arrive quand la mer est grosse au point que les lames fondent sur le pilote avec des brasses de cordes dont elles l'enveloppent. Le veau marin peut lui-même, revenant sur le kaiak, l'engager dans la ligne et entraîner le canot au fond avec le pêcheur occupé à la lâcher. Si par malheur l'homme se trouve pris, il n'a que les ressources dont on a parlé pour se dégager de ses propres filets. Quelquefois, au moment de s'en débarrasser, il se sent mordre à la main ou au visage par l'animal furieux, que la vengeance pousse à attaquer son ennemi quand il ne peut plus se défendre luimême ; car cette espèce a appris de la nature à vendre cher sa vie.

La chasse d'hiver se fait à la baie de Disko. Comme les veaux pratiquent alors des trous dans la glace pour y venir respirer l'air, un Groënlandais vient s'asseoir à côté, sur une petite sellette, mettant ses pieds sur une autre pour les garantir du froid. Dès que l'animal avance le museau, l'homme le perce d'un harpon, rompt aussitôt la glace tout autour, tire la bête accrochée, et la tue à coups redoublés. Quelquefois un homme s'étend ventre à terre sur une espèce de traîneau, le long des trous par où les veaux montent sur la glace pour se chauffer au soleil. Près d'un de ces grands trous on en fait un petit, par lequel un pêcheur passe un harpon fixé au bout d'un grand bâton. Celui qui veille au bord du grand trou, voyant l'animal passer sous le harpon, fait signe à son camarade ; et celui-ci enfonce le fer dans l'amphibie de toutes ses forces. Si le chasseur aperçoit un veau sur la glace, il imitera quelquefois son grognement, de façon que l'animal, le prenant pour un être de son espèce, le laisse approcher jusqu'à la portée du harpon, et se trouve surpris et tué sans avoir le temps de fuir.

FIN

15800. — Tours, impr. Mame.